未来科学家科普分级读物（第一辑）

建筑物大智慧

小多科学馆 编著　石子儿童书 绘
白泽 内容编辑

U0281361

"科普天团"
ke pu tian tuan　liang shen da zao
为少年量身打造的
科普分级读物
ke pu yue du　fen ji du wu

电子工业出版社
Publishing House of Electronics Industry
北京·BEIJING

目录

传统民居中的能量智慧

能量

地球的危机

能源利用新方法

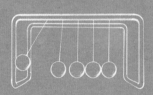

畅想未来

传统民居中的能量智慧

天然材料保证冬暖夏凉

我国珠江三角洲临海，历史上养蚝（háo）为食，当地人便用蚝壳造起了一堵堵"蚝壳墙"。在岭南强烈的阳光照射下，凹凸的蚝壳墙在外墙投下大片阴影，起到遮阳效果，节材节能又美观。

在科技和交通都不发达的时代，利用当地盛产的自然材料建造房屋，即使废弃也不会对环境造成负担，而且没有现代的交通运输产生的能耗。

在陕西和山西的黄土高原上，当地人直接在黄土形成的壁崖上挖洞，再在洞内用砖或石头砌成墙，抹上黏土，防止坍塌（tān tā）。黏土的热惰性很好，热透射率低，能很好地储存热量，使得依山而建的窑（yáo）洞冬暖夏凉。最早的窑洞在 4000 多年前就出现了。

利用空气进行隔热

土壤是一种热惰（duò）性很好的建筑材料。云南哈尼族的"蘑菇房"，墙体用生土或土坯（pī）砌成，约半米厚。房顶厚厚的茅草可以起到很好的隔热作用。这种房屋夏天时的室内温度比室外低 5~7℃。

空气也是一种性能良好的隔热材料。我国北方黑龙江地区，冬季严寒又漫长，居民会在房屋的北面设置储藏间或隔间，除了可以堆放杂物，也在北外墙与居住空间之间形成空气层以防寒保暖。老式民居屋顶和房间之间的空气层，在北方地区能减缓冷空气的直接侵入，在南方地区则能抵挡日照产生的热空气。

干旱炎热地区的传统民居

炎热干燥的沙漠地区，常年干旱少雨，日照强烈，所以建筑物之间的距离非常近，以保证房屋能够相互遮阴，街道也置于建筑物的阴影中。房屋通常是多层的，一层为起居室，白天日照强烈时，由于上层建筑的抵挡，这里温度最低，人们就在这里活动；晚上降温后，则可到二楼歇息入睡。

此外，在炎热干燥的沙漠地区，居民建筑广泛使用土体、石材，木材使用量小，顶部多为平顶或坡度平缓的半人字形或人字形屋顶，四周有围墙。这种建筑结构容易散热和引水蓄(xù)水，可以最大可能地利用有限的降水，还可以降低房屋内部的温度。

能量

能量到底是什么

物理学中，甲物体能让乙物体产生物理变化，就说甲物体有对乙物体做功的能力，这种做功的能力就称为"能量"。

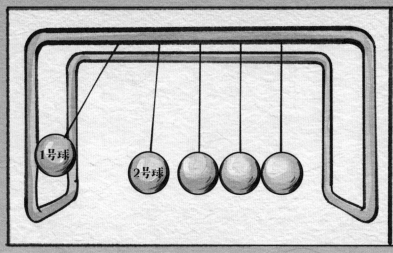

牛顿摆

拉起1号球，球的重力势能增加。1号球荡到最低点时，重力势能转化成动能，在撞击2号球时将动能传给2号球。2号球也会将动能传递下去。最右边的球无法将动能继续传递，因此被弹出，动能转化成势能。几个球如此周而复始地左右摆动。

势能与动能是能量最重要的两种形式。

苹果从树上落到地下，你可以说苹果受到了重力的作用，也可以说树上的苹果具有一种能量——重力势能。重力势能驱使苹果以一定的速度冲向地面。

很多男生喜欢用拉力弹簧（huáng）锻炼肌肉。拉开拉力弹簧花费的力气，其实变成了弹簧的弹性势能，这也是势能的一种。

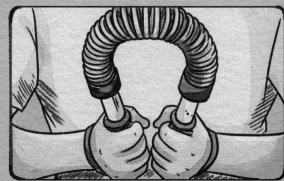

飞驰的汽车相互撞击时，会产生很大的威力，把车窗的玻璃撞碎，车灯撞坏。静止在地面的汽车则不会发生这种吓人的情况。这也可以用能量来解释，运动的物体具有另外一种能量——动能。

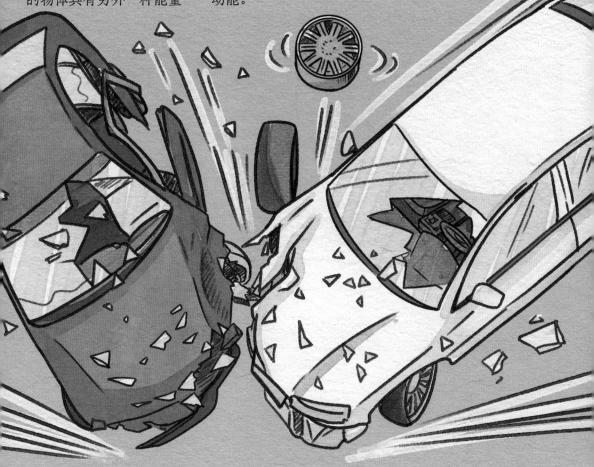

热能也是一种能量，它是由动能与势能组成的。只不过其中运动的不是汽车，而是分子；拉开的也不是弹簧，而是分子之间的距离。

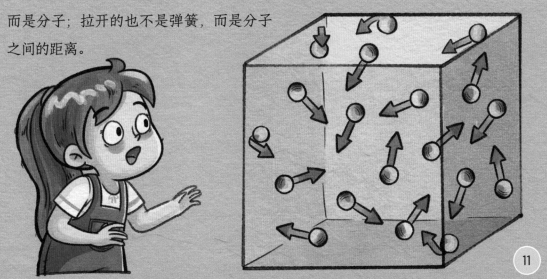

自然界储存的能量

现代生活离不开能量，那么能量源自何处呢？源自宇宙大爆炸！

我们身边最大的能量源是太阳，太阳就源自宇宙大爆炸。当然，宇宙大爆炸太遥远了，对于我们生活的现实世界，一般认为能量的来源是太阳。

太阳每年到达地球的辐射能量巨大，但大部分被反射回太空

约 32% 的太阳能作用于地球的水圈

约 0.3% 的太阳能通过大气转化成风能

能量既不会凭空产生，也不会凭空消失，但可以相互转换，也可以长期储存。

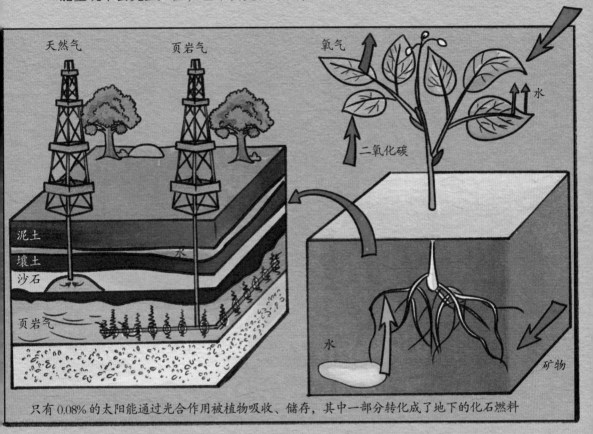

只有 0.08% 的太阳能通过光合作用被植物吸收、储存，其中一部分转化成了地下的化石燃料

从 19 世纪开始，化石能源提供了人类创造财富所需要的几乎全部能量，完成了工业化，开启了信息化的大门，实现了人类历史上史无前例的飞跃。

然而，经过几百年的尽情燃烧，化石燃料以二氧化碳的形式，释放出了亿万年以来生物逐渐存储和长期禁锢（gù）的碳元素。二氧化碳的过量排放，将摧毁地球宜居的气候格局，将人类推向灾难的边缘。人类需要理智地利用这些能源，争取足够的时间，在化石燃料用完之前创造出新型能源的生产方法。

化石燃料

化石燃料是古代生物的遗骸（hái）经过一系列复杂变化后形成的，是不可再生资源。

在人类出现前长达亿万年的时间里，动植物在地球上生存然后死去，许多动植物死后被埋于地底，亿万年后，这些动植物的遗骸在压力作用下变成石油、煤炭或天然气矿床。

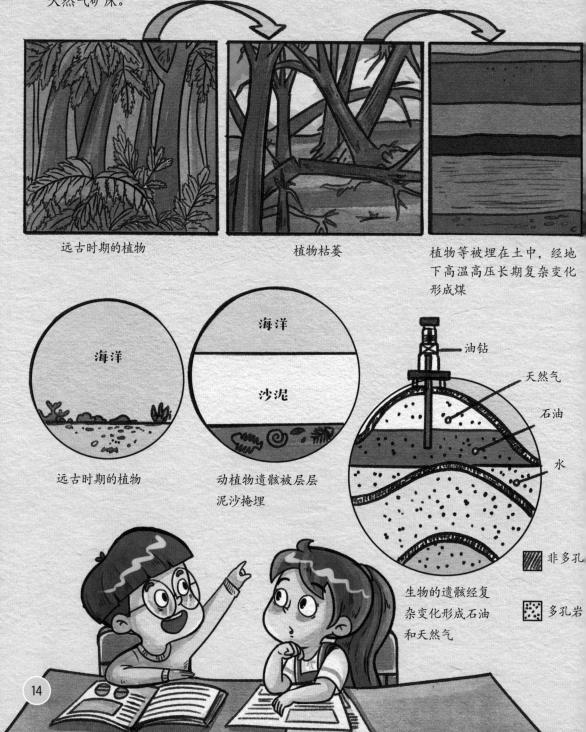

远古时期的植物

植物枯萎

植物等被埋在土中，经地下高温高压长期复杂变化形成煤

海洋

远古时期的植物

海洋

沙泥

动植物遗骸被层层泥沙掩埋

油钻

天然气

石油

水

生物的遗骸经复杂变化形成石油和天然气

非多孔

多孔岩

有几个成煤和成油的重要时期。以煤炭形成为例，在探明储量中，石炭纪占 41.3%，二叠纪占 9.9%，侏罗纪占 8.1%，白垩纪占 16.8%，第三纪占 23.6%。

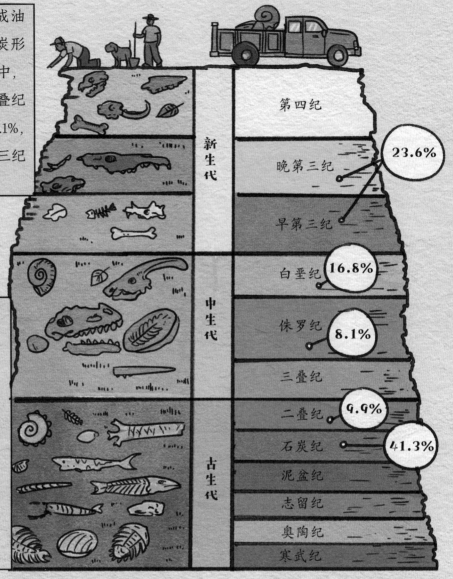

新生代	第四纪	
	晚第三纪	23.6%
	早第三纪	
中生代	白垩纪	16.8%
	侏罗纪	8.1%
	三叠纪	
古生代	二叠纪	9.9%
	石炭纪	41.3%
	泥盆纪	
	志留纪	
	奥陶纪	
	寒武纪	

每个地质时代的海量动植物即使死去，也会保留着曾经储存的能量。动植物的遗骸埋藏在地底，历经至少上百万年的压缩作用，转换成更高效、更轻便的能量形式。

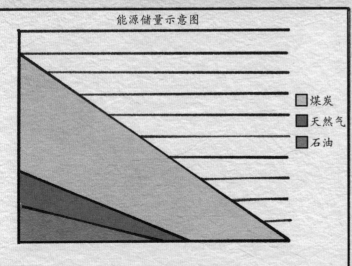

能源储量示意图

□ 煤炭
▨ 天然气
▩ 石油

虽然化石燃料储存了几亿年，但人类正在做一件事：在几百年内把它们全部烧完。目前全球每年消耗的化石燃料超过 100 亿吨油当量。按照这样的速度，地球上已探明的石油、天然气和煤炭将分别于 2052、2060 和 2088 年全部用完。

万世不竭的太阳能

寒冬腊月，每当天气晴朗，很多家庭会翻晒棉被。棉纤维（xiān wéi）吸收大量热量后，会散发出特别的味道，这是阳光的味道，也是家的味道。这是人类利用太阳能的方法中，最原始而充满人情味的一种。

现代科技所说的太阳能利用，是指利用太阳能为热水器、暖气提供能源或发电。目前，太阳能的利用，主要包括太阳能光热和太阳能光伏两种。

吸热涂层
透明外管
换热翅片
上端簧
热管球泡

太阳能热水器的传热原理图

热水出口

冷水入口

热媒

现代的太阳能光热应用是将阳光聚集起来，利用其能量加热水，产生蒸汽，然后利用蒸汽发电。例如，建造房屋时，设计巨型的南向窗户，使用能吸收和释放太阳能光热的建筑材料。

向阳屋顶的双轴"太阳帆船"

光照

众多 P-N 结形成了太阳能光状板

N 型半导体

P-N 结

P 型半导体

电阻

太阳能光伏发电系统，可以吸收太阳光热，产生直流电，把光能转化成电能。光伏系统可为房屋提供照明，甚至为飞机、汽车、轮船提供动能。

能量守恒定律

苹果落地能把树下的泥地砸出一个坑，是因为它在树上时的势能在落地过程中转化成了动能。苹果下落时势能减少，动能增加，但总的能量并没有改变。暖气散发热量，会让人温暖，是因为暖气中的能量跑到了人体内，总的能量还是不变的。

能量守恒定律是现代科学最重要的理论之一，其最基本的内容是：能量既不会凭空产生，也不会凭空消失，只能由一种形式转化为另一种形式，或从一个物体转移到另一个物体。在生活中，我们每天都在见证这一定律，例如电热水壶利用电能加热电阻丝，把水烧开。

分子碰撞引起动能的传递。碰撞后，左侧小球的动能减小，右侧小球的动能增大

焦耳是最先通过实验证实能量守恒定律的人。不过，焦耳的研究工作主要聚焦于机械能。后来的物理学家将这个定律进行了拓展，它对化学能同样适用。

焦耳实验的示意图

砝码降落带动桨叶轮转动，砝码的重力势能转化为桨叶轮的动能

砝码

垂直降落

桨叶轮转动搅动容器里的水，使其升温。桨叶轮的动能转化为水的热能

热力学定律

把一个物体放在一个地方，如果它的温度高于周围物体，便会把自身的热能传递给它们，反之则吸收周围物体的热能。研究温度、热能、热运动和能量转换原理的学科称为热力学。热力学有四个基本定律。

如果天平左右两边各自是封闭系统，各自容纳着等量的能量，那么无论两个系统里的能量如何转换，衡量各自能量总量的天平永远不会倾斜

热力学第零定律

如果两个物体分别与第三个物体处于热平衡状态（比如温度相同），那么这三个物体之间必定相互处于热平衡状态。

这个定律说明，如果用温度计测量液体温度，就必须让温度计和液体接触的时间足够长，使温度计里的水银和被测量的液体分别与温度计的玻璃壁具有相同的温度。

热力学第一定律

当热加入一个系统时，要么改变系统内部的能量，要么使系统做功（或两者同时进行）。

这个定律说明，当对某个物体施加能量时，该物体要么变热，要么开始做功来消化一些能量，能量必须走向某个地方。热的东西能够做功，做功能够产生热。势能可以转化成动能、转化成声能，必要的话还会转化成热能。

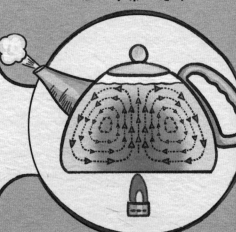

能量不可能自发地从低温物体传递到高温物体。

这个定律说明，能量总能找到最简捷的路径移向能量相对不足的地方。水往低处流，和水相似，能量也是如此。虽然可以借助制冷机使能量从低温物体转移到高温物体，但这个过程是借助外界对制冷机做功实现的，即这个过程除有热量传递外，还有功转化为热。

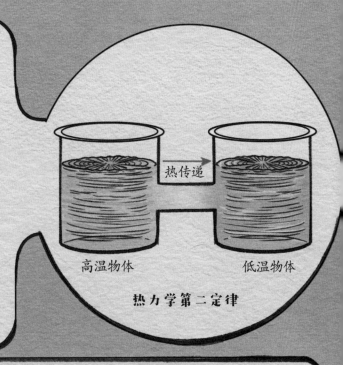

热传递

高温物体　　　　　低温物体

热力学第二定律

当物体温度降低至绝对零度（-273.15℃）时，物体内部能量为零。

这个定律说明，所有系统的事物都在不停地损失能量。只有在绝对零度时，能量才会停止损失。然而这个温度目前不可能达到。

热力学的四个定律告诉我们：虽然能量是恒定的，但它所处的状态不是恒定的。

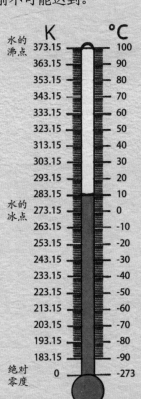

K	℃
水的沸点 373.15	100
363.15	90
353.15	80
343.15	70
333.15	60
323.15	50
313.15	40
303.15	30
293.15	20
283.15	10
水的冰点 273.15	0
263.15	-10
253.15	-20
243.15	-30
233.15	-40
223.15	-50
213.15	-60
203.15	-70
193.15	-80
183.15	-90
绝对零度 0	-273

热力学第三定律

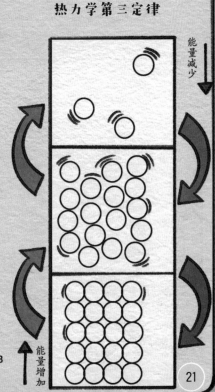

能量减少

能量增加

热量的传递

热量传递是热量从高温区间向低温区间转移的过程。

热量传递是一种复杂的现象，有热传导、热对流、热辐射（fú shè）三种方式。对流是通过气体分子或液体分子流动传递热量，辐射是发热物体通过射线传递热量，传导是通过固体中的分子振动和电子流动传递热量。生产和生活中所遇到的热量传递现象往往是这三种基本方式的不同主次的组合。

不同固体材料的热传导性能差别很大。金属的热传导性能很好，可以用作热交换材料；石棉、泡沫塑料的热传导性能很差，可以用作保温材料。

一个空间内气体的热量，可以通过分割层（如房子的墙体或窗玻璃）传递到另一个空间，传递的速度取决于两个空间的温度差和分割层的导热性能、面积、厚度。随着科技的发展，建筑材料也越来越多样。

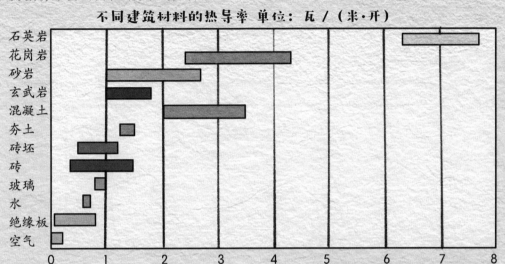

不同建筑材料的热导率 单位：瓦／（米·开）

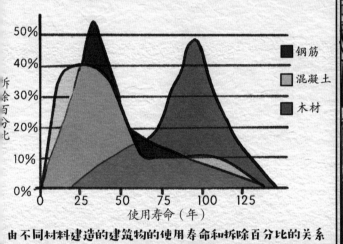

由不同材料建造的建筑物的使用寿命和拆除百分比的关系

钢筋混凝土架构的现代化写字楼

地球的危机

根据现有的科学知识，二氧化碳是全球变暖的元凶。人类的衣食住行都要消耗能源，而目前我们使用的主要能源都会在产能的同时排放二氧化碳。

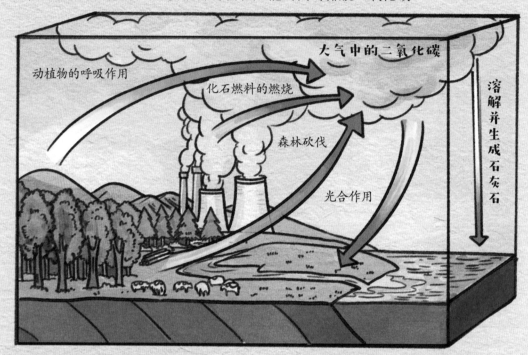

过多的二氧化碳会使地球气候变暖，给地球生物带来一系列灾难。比如：海洋温度升高使海水体积膨胀，导致海平面上升，淹没沿海低海拔地区。陆地面积缩小会极大地影响人类的居住环境，甚至可能导致战争。

人类利用能源从容易获得的柴薪开始，然后是能量密度大的煤、原油和天然气。遗憾（hàn）的是，这四种能源都会产生二氧化碳。不产生二氧化碳的能源，也就是干净的能源，有太阳能、地热能、风能等。

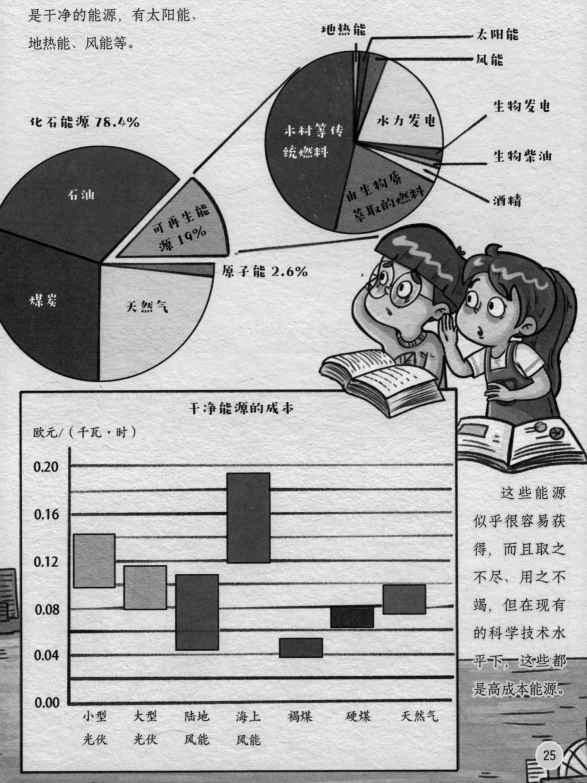

化石能源 78.4%

石油

可再生能源 19%

原子能 2.6%

煤炭

天然气

地热能

太阳能

风能

水力发电

生物发电

生物柴油

酒精

木材等传统燃料

由生物质萃取的燃料

干净能源的成本

欧元/（千瓦·时）

0.20
0.16
0.12
0.08
0.04
0.00

小型光伏　大型光伏　陆地风能　海上风能　褐煤　硬煤　天然气

这些能源似乎很容易获得，而且取之不尽、用之不竭，但在现有的科学技术水平下，这些都是高成本能源。

25

PM2.5

PM2.5 是环境空气中等效直径小于等于 2.5 微米的细颗粒物。与较大的大气颗粒物相比，PM2.5 粒径小，活性强，易附带有毒、有害物质，且在大气中的停留时间长，输送距离远，因而对人体健康和大气环境质量的影响非常大。

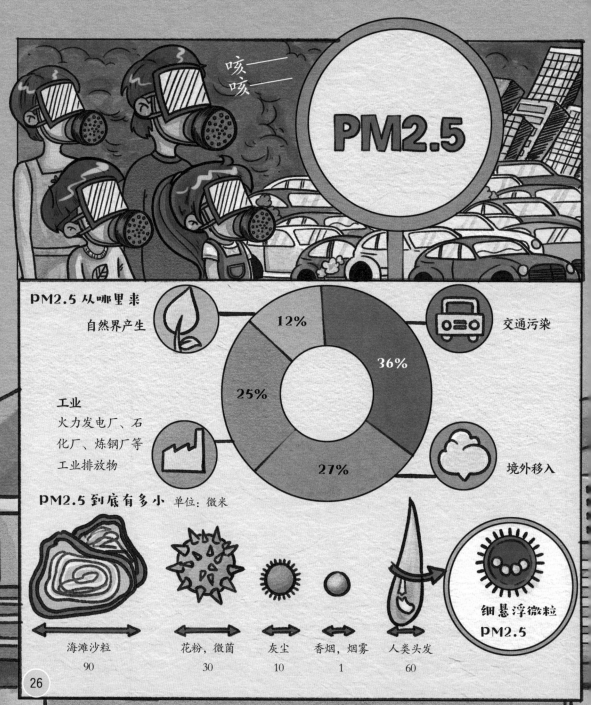

PM2.5 从哪里来

自然界产生

交通污染 12%

36%

工业
火力发电厂、石化厂、炼钢厂等工业排放物 25%

27%

境外移入

PM2.5 到底有多小 单位：微米

海滩沙粒	花粉，微菌	灰尘	香烟，烟雾	人类头发	细悬浮微粒 PM2.5
90	30	10	1	60	

PM2.5能影响成云和降雨过程，间接影响气候变化。在有些条件下，PM2.5太多，可能"分食"水分，使天空中的云滴长不大，蓝天白云就变得比以前更少；有些条件下，PM2.5会增加凝结核的数量，使天空中的雨滴增多，极端时可能发生暴雨。

2013年2月，全国科学技术名词审定委员会将PM2.5的中文名称定为"细颗粒物"。细颗粒物的化学成分包括有机碳、元素碳、硝（xiāo）酸盐、硫（liú）酸盐、铵（ǎn）盐、钠（nà）盐等。

期待科学技术带来奇迹

在能源危机、环境危机日益严峻（jùn）的情况下，人们迫切希望能在改变能源结构和节能方面取得重大突破。

首先期待的是化石能源产生的奇迹，就是让石油、煤和天然气少排放二氧化碳。必须在它们燃烧后将二氧化碳从烟中分离，加压液化，并长时间封存。

高温高压

CO_2

放热

吸热

液态二氧化碳

CO_2 气态二氧化碳

预计能量需求

(205.4GW)

由燃烧化石燃料转化为有机废物利用供电引起的能量净减少（−85.3GW）

最终使用效率（−16.2GW）

海浪＋潮汐（1.0%）

向岸风（25.0%）

离岸风（10.0%）

应用级太阳能（41.5%）

应用级光伏太阳能＋聚光太阳能（9.5%）

屋顶光伏太阳能（13.0

化石燃料、生物燃料和核能

能量供给

可再生资源

2010	2015	2020	2025	2030	2040
（4.6%）	（9%）	（20%）	（50%）	（80%）	（95%）

其次期待的是原子能。这也存在三个大问题。一是降低成本；二是保证安全，生产时要安全，遇到自然灾害时能够自保，还要保证核燃料不用于武器；三是处理废料，核废料是半衰期很长的放射性物质，需要封存长达10万年之久。

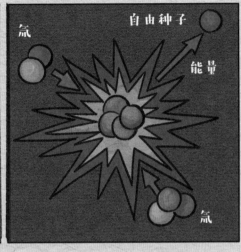

第三个期待是降低清洁能源的成本。清洁能源虽然不需要燃料，但能量密度远小于化石能源。还有能源储存问题，全球现有的全部电池仅能储存全世界不到10分钟的能源消耗量。

(229.3GW)

100%(127.8GW)

美国科学家开展了一项研究，画出了这样的愿景：美国加利福尼亚州到2050年需要约229GW电能，由于各种措施，使电能节省了约101GW，所以最终只需要约128GW的电能，这些电能全部由可再生能源提供（GW：十亿瓦）。

2050
100%）

能源利用新方法

对风能的利用自古有之，闻名世界的荷兰风车，就是用风能来推动石磨磨碎谷物或抽水的。现代科技则可以将风推动扇叶产生的旋转动力传送至发电机，产生电力。

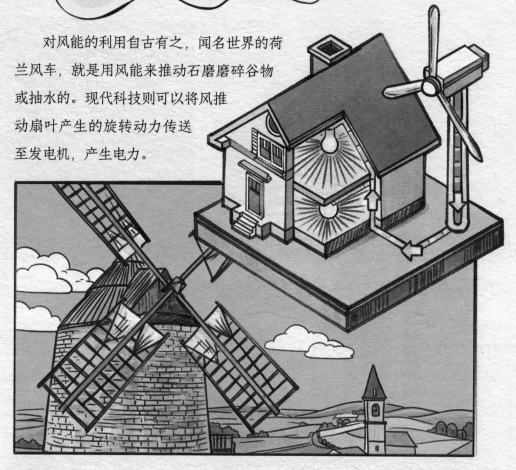

风是没有公害的能源之一，而且取之不尽，用之不竭。缺水、缺燃料和交通不便的沿海岛屿、草原牧区、山区和高原地带，可以因地制宜地利用风力发电。

在我国，距地面10米高的风能资源总储量为32.26亿千瓦，其中实际可以开发利用的风能资源储量为2.53亿千瓦。我国近海风能资源储量为陆地风能储量的3倍，东南沿海及其岛屿为最大风能资源区，内蒙古和甘肃北部为第二大风能资源区。

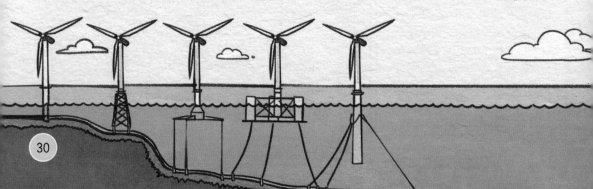

因为风力发电利用空气的动能，所以会产生很大的扰动和噪声，因此，风力发电厂要远离居民区。也有一些建筑师在做"风力－建筑集成"方面的设计，将风力涡轮机放在屋顶或离建筑不远的地方。

开掘地下绿色能源

唐朝诗人白居易的《长恨歌》里写道：春寒赐浴华清池，温泉水滑洗凝脂。"华清池"就是利用地热的一个例子。

　　地球内部产生的热量是从哪里来的呢？一般认为，是由地球所含的放射性元素的衰变产生的。据 1981 年 8 月在肯尼亚首都内罗毕召开的联合国新能源会议的会议技术报告介绍，全球潜在的地下热能总量约为全球其他能源总量的 45 万倍，约为煤全部燃烧所放出热能的 1.7 亿倍。——这是多么巨大的热源啊！

　　在地热资源丰富的冰岛，地热发电站随处可见。地热发电站利用的地热资源是浅层地热，源于地壳。

现代科技可用地热发电：利用地底高热加热地下水，使其形成水蒸气，推动涡轮机旋转发电。地热发电不产生环境污染，也不消耗不可再生能源，非常环保。

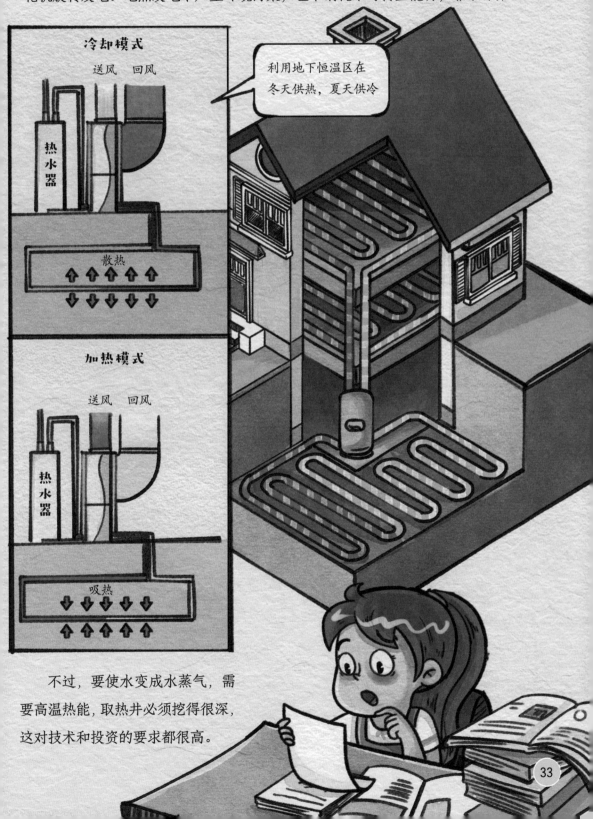

不过，要使水变成水蒸气，需要高温热能，取热井必须挖得很深，这对技术和投资的要求都很高。

通过热泵"榨取"大气中的热量

如果消耗 1 千瓦·时的电能，能获取 3 千瓦·时的热能，是不是很划算？热泵（bèng）就是可以实现这个效果的机器。

热泵系统的管道里流动着一种一会儿是液体一会儿又是气体的物质。这是一种特殊的介质，它在常压下沸（fèi）点很低（-20℃）。在工作温度下，气态的它经受高压时温度上升，放出热量后很快液化；而当压力回到常压时温度下降，它吸收外界的热量后又会很快汽化。

热泵循环

压缩机

热的气态的热交换介质

出水口

冷凝器

进水口

较热的液态的热交换介质

膨胀阀

高压侧

接通电源后，风扇开始运转，蒸发器中冷却的液体介质吸收室外不太冷的空气的热量而升温汽化，并被送入压缩机。压缩机将这种低压气体压缩成高温高压气体并送入冷凝器，使冷凝器里的水被加热，介质也在这里冷凝成液体；该液体经膨胀阀进入粗管道后，压力和温度急速下降，并再次流入蒸发器，如此循环工作。冷凝器里的水温逐渐升高，最后达到55℃左右，正好适合人们洗浴。

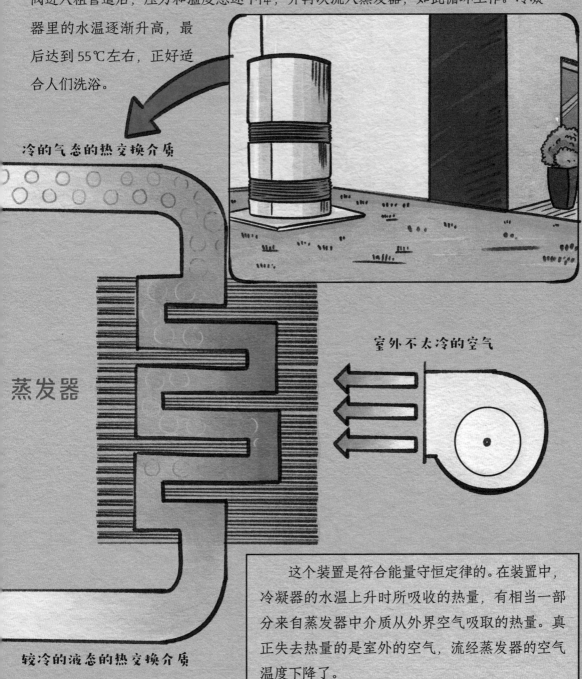

冷的气态的热交换介质

蒸发器

室外不太冷的空气

较冷的液态的热交换介质

低压侧

这个装置是符合能量守恒定律的。在装置中，冷凝器的水温上升时所吸收的热量，有相当一部分来自蒸发器中介质从外界空气吸取的热量。真正失去热量的是室外的空气，流经蒸发器的空气温度下降了。

压缩式热泵装置示意图

为自家的房子节能

对家里的能耗情况进行调查，不仅可以了解家里的水、电使用情况，还可以有针对性地采取简单的方法节约能源。

对于水，关键是改变用水方式，比如使用分段式马桶。用洗脸池、洗澡盆和淋浴的废水冲马桶也是有效的节水方法。一些地区还有收集雨水的装置：屋檐（yán）、地面的水被引流到地下的水箱，经过滤（lǜ）处理后，用于洗衣、洗车和灌溉（guàn gài）。

对于电，关键有两点。一是关掉不必要的待机电器。二是对于要一直通电的电器，比如冰箱，要注意门是否关好，还要及时除霜。另外，还应关注是否每个房间都需要大瓦数的电灯照明，尽量选择节能灯泡。

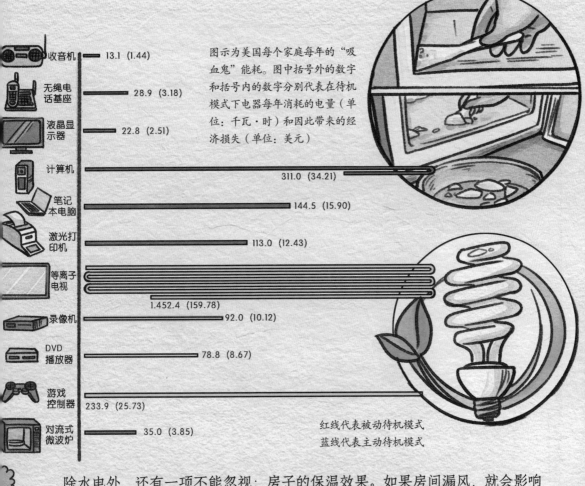

电器	数值
收音机	13.1 (1.44)
无绳电话基座	28.9 (3.18)
液晶显示器	22.8 (2.51)
计算机	311.0 (34.21)
笔记本电脑	144.5 (15.90)
激光打印机	113.0 (12.43)
等离子电视	1,452.4 (159.78)
录像机	92.0 (10.12)
DVD播放器	78.8 (8.67)
游戏控制器	233.9 (25.73)
对流式微波炉	35.0 (3.85)

图示为美国每个家庭每年的"吸血鬼"能耗。图中括号外的数字和括号内的数字分别代表在待机模式下电器每年消耗的电量（单位：千瓦·时）和因此带来的经济损失（单位：美元）

红线代表被动待机模式
蓝线代表主动待机模式

除水电外，还有一项不能忽视：房子的保温效果。如果房间漏风，就会影响空调或暖气的效果。基本的隔热措施是更换双层玻璃，用玻璃胶或隔热胶堵住缝隙。

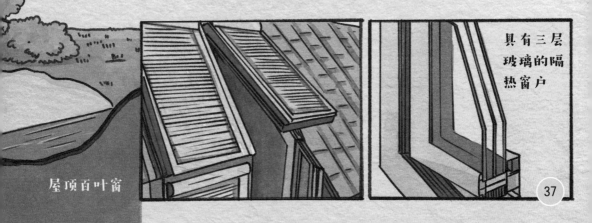

屋顶百叶窗

具有三层玻璃的隔热窗户

地板采暖系统

使用电的地板采暖系统，是在地板下预先埋设电热丝（或电热管、电热网等），再在上面铺设地砖或者木、竹等地板。电热丝加热地板，就和电热丝加热毛毯一样。

温控器

传感器和传感器的保护管（导线管）

地面装饰材料

混凝土层

地热电缆

钢丝网

铝箔层

保温层

地面体

使用水的地板采暖系统，则是在地板下预先埋设水管。以温度不高于 60℃ 的热水作为热媒，在加热管内循环流动，加热地板。热量透过地面，以辐射和对流的传热方式向室内供暖。由于热水所需温度比传统暖气低，耗能比传统暖气少 15% ~ 30%。而且，即便在寒冷的冬天，人也可以光着脚在屋里走动，大大提高了居住舒适度。

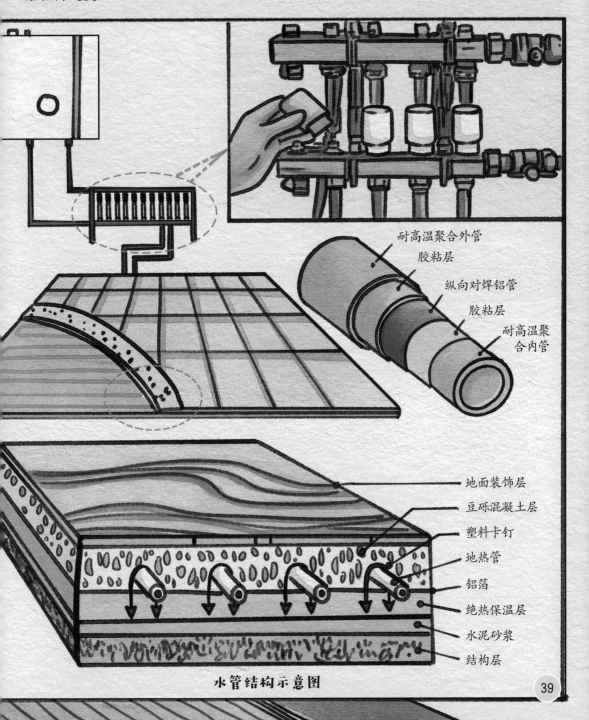

耐高温聚合外管
胶粘层
纵向对焊铝管
胶粘层
耐高温聚合内管

地面装饰层
豆砾混凝土层
塑料卡钉
地热管
铝箔
绝热保温层
水泥砂浆
结构层

水管结构示意图

畅想未来

具有生命力的房屋

生存能力强的动物能适应周围环境。事实上，一栋建筑也要如此，例如要冬暖夏凉或能承受各种天气。

房屋的内墙带有滚轮，可以改变房间的大小和位置

绿色屋顶已经应用于许多建筑中，且越来越受欢迎。所谓绿色屋顶，就是利用建筑物屋顶的空间种植可食用的植物，不仅能增加建筑的生物多样性，还能降低噪声、减少污染、节约能源。

伦敦一座建筑的绿色墙壁

日本福冈的绿色屋顶建筑

科学家已经设计出一种像树一般的房屋。这种房屋被一种特制的"皮肤"覆(fù)盖，污损后能通过纳(nà)米技术清洁并自我修复。墙壁的隔热层也使用了纳米技术新产品，薄而轻，十分节省空间，而且是透明的，能使阳光更好地进入室内。此外，这种房屋的特制"皮肤"还带有一层太阳能电池板，能充分利用太阳能。

未来你的家里还可能有一台利用生物清洁污水的生态机器，这样一来，你就可以在家循环利用水资源了。

世界最美的污水处理厂——美国纽约欧米伽永续生态中心

曝气氧化塘利用微生物和藻类处理污水和有机废水

人工湿地利用土壤、人工介质、植物以及微生物的共同作用对污水、污泥进行处理

被动式节能房

被动式节能房，是几乎不需要"主动"供暖和制冷，室内气候的调节主要依靠太阳光照、人体及电器等发出的"被动式"能量的房屋。

节能房利用植物遮阴

这种房屋住着舒适，能耗又低，因此受到广泛欢迎。

被动式节能房代表的是一种建筑标准，表达的是对房屋的设计、建造技术和环保方面的要求。一栋设计完美的被动式节能房可减少 90% 的能耗。这通常需要经过精心的设计和构筑，通过优异的保温隔热材料和高效的热回收系统来实现。

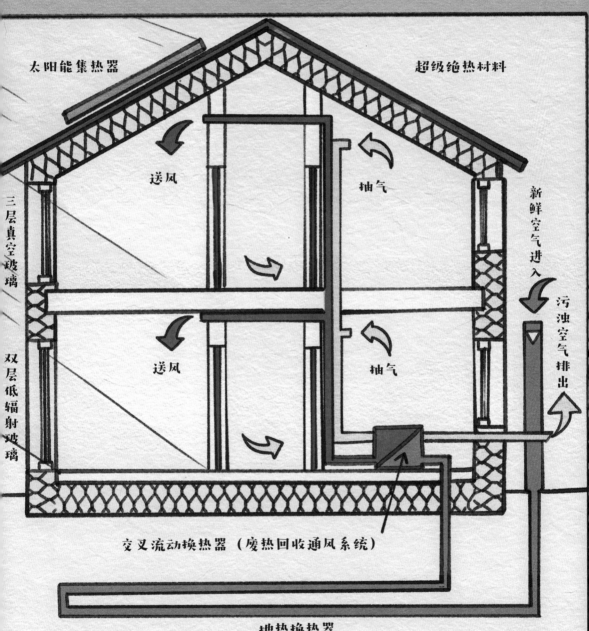

太阳能集热器

超级绝热材料

送风

抽气

新鲜空气进入

污浊空气排出

三层真空玻璃

双层低辐射玻璃

送风

抽气

交叉流动换热器（废热回收通风系统）

地热换热器

室外新鲜空气进入通风装置，经地热换热器加热后由通风管道向室内递送暖风，室内的污浊空气再经管道排向室外，污浊空气流经交叉流动换热器，实现了废热回收

未来科学家小测试

1. 云南哈尼族的传统"蘑菇房"，墙体用的材料是（　　）。

　　A. 蘑菇。B. 生土或土坯。C. 树皮。

2. 下列说法错误的是（　　）。

　　A. 能量既不会凭空产生，也不会凭空消失，只能由一种形式转化为另一种形式，或从一个物体转移到另一个物体。

　　B. 目前，太阳能的利用，主要包括太阳能光热和太阳能光伏两种。

　　C. 化石燃料是古代生物的遗骸经过一系列复杂变化后形成的，是可再生资源。

3. 下列哪种材料可以作为保温材料？（　　）

　　A. 石棉、泡沫塑料。B. 金属。C. 塑料。

4. 根据现有的科学知识，（　　）是造成全球变暖的元凶。

　　A. 二氧化硅。B. 一氧化碳。C. 二氧化碳。

5. 以下哪种方法能够节能？（　　）

　　A. 电视长时间处于待机状态。

　　B. 使用分段式马桶。

　　C. 长时间开启冰箱门。

答案：1B。2C。3A。4C。5B。

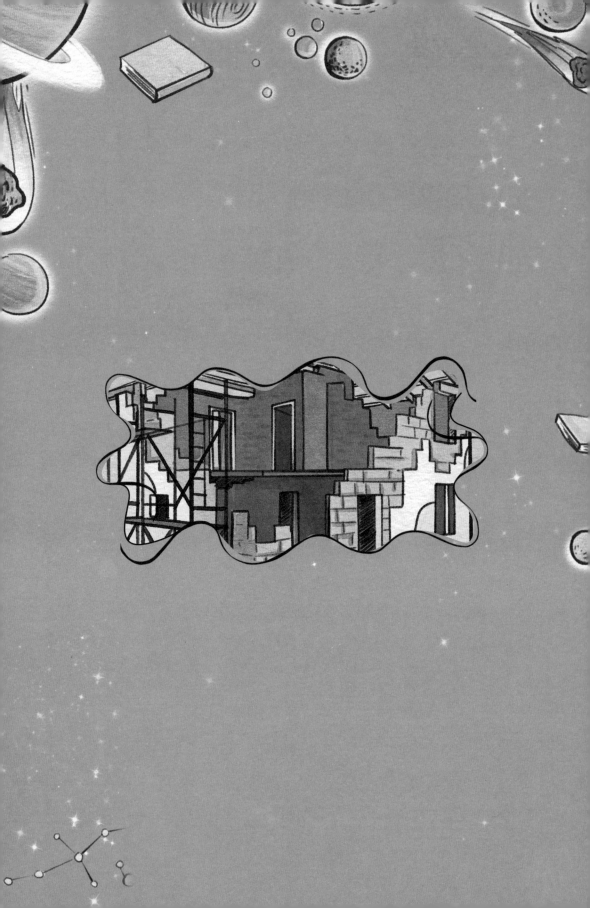

图书在版编目（CIP）数据

建筑物大智慧 / 小多科学馆编著；石子儿童书绘. -- 北京：电子工业出版社，2024.1
（未来科学家科普分级读物. 第一辑）
ISBN 978-7-121-45650-3

Ⅰ.①建… Ⅱ.①小… ②石… Ⅲ.①建筑 - 少儿读物 Ⅳ.①TU-49

中国国家版本馆CIP数据核字（2023）第090017号

责任编辑：赵　妍　季　萌
印　　刷：当纳利（广东）印务有限公司
装　　订：当纳利（广东）印务有限公司
出版发行：电子工业出版社
　　　　　北京市海淀区万寿路173信箱　邮编：100036
开　　本：889×1194　1/16　印张：18　字数：333.3千字
版　　次：2024年1月第1版
印　　次：2024年1月第1次印刷
定　　价：138.00元（全6册）

凡所购买电子工业出版社图书有缺损问题，请向购买书店调换。若书店售缺，请与本社发
行部联系，联系及邮购电话：（010）88254888，88258888。
质量投诉请发邮件至zlts@phei.com.cn，盗版侵权举报请发邮件至dbqq@phei.com.cn。
本书咨询联系方式：（010）88254161转1860，jimeng@phei.com.cn。